小豆包开心起航系列

飞跃篇 下

数学
全脑开发

优才教育　编著

化学工业出版社

·北 京·

目 录

第 3 章　数的应用

第 4 章　图形与几何

第 5 章　计算小能手

第3章 数的应用

 第 **10** 练   20 以内进位、退位

1 填一填。

$6 + 9 = ($ $)$

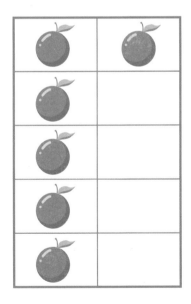 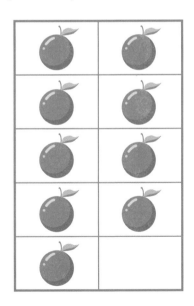

$8 + 5 = ($ $)$

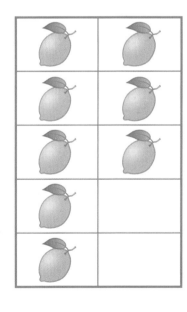 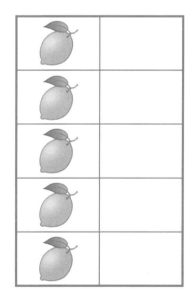

2 填一填。

$$4 + 7 = (\qquad)$$

$$6 + 6 = (\qquad)$$

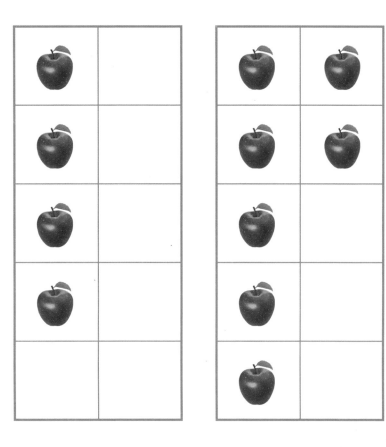

3 填一填。

14 − 7 =(　　　）

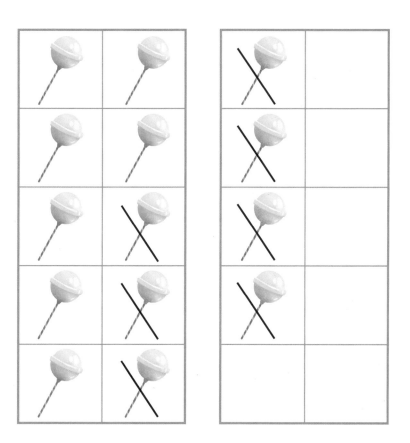
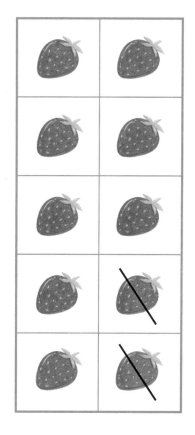

16 − 8 =(　　　）

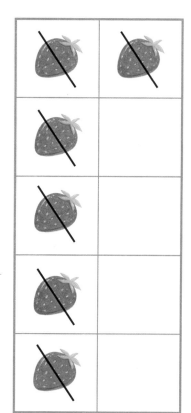

🌸 **4** 填一填。

$11 - 9 = ($ $)$

$15 - 6 = ($ $)$

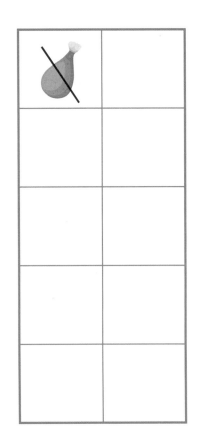

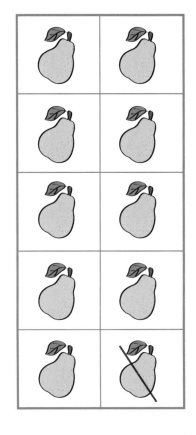

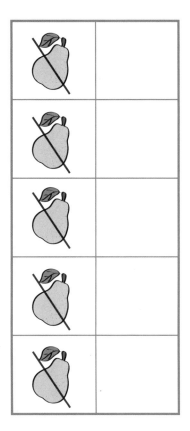

5 你知道每把锁的钥匙在哪里吗？请连一连。

7 + 8 •

8 + 8 •

5 + 6 •

9 + 9 •

19 + 1 •

• 16

• 15

• 18

• 11

• 20

6 算一算，填一填。

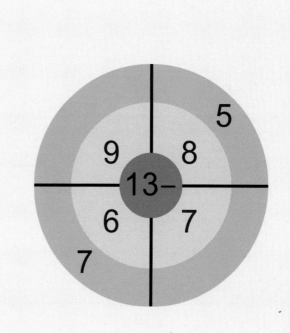

7 请在（　）内填入合适的数。

$8 + 4 = (\quad)$

$5 + 6 = (\quad)$

$3 + 9 = (\quad)$

$7 + 6 = (\quad)$　$9 + 8 = (\quad)$

8 连一连。

 $12 + 9$

 $15 - 6$

 $20 - 4$

 16

 21

 9

9 请把得数相同的圆圈涂上红色。

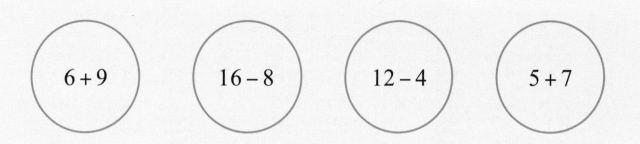

$6 + 9$ $16 - 8$ $12 - 4$ $5 + 7$

10 请在 ♥ 里填上合适的数，使算式成立。

$5 + ♥ = 13$ $7 + ♥ = 16$

$12 - ♥ = 4$ $♥ - 6 = 9$

第 **11** 练　50 以内数量对应

1 从 1 开始按顺序一边用手指着，一边读出来。

1	2	3	4	5	6	7	8	9	10
11	12	13	14	15	16	17	18	19	20
21	22	23	24	25	26	27	28	29	30
31	32	33	34	35	36	37	38	39	40
41	42	43	44	45	46	47	48	49	50

2 看图填数。

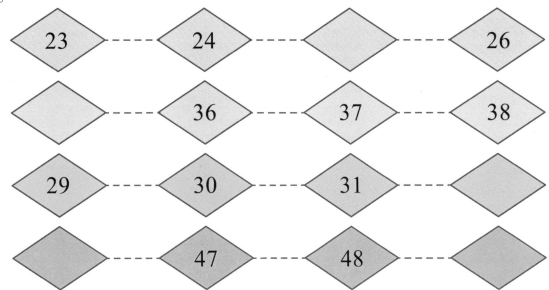

3 数一数，请在右边方框内写出对
应的数量。

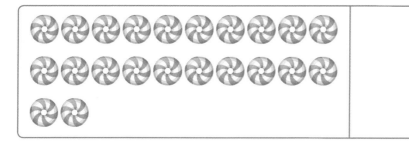

4 数一数，请在右边方框内写出对
应的数量。

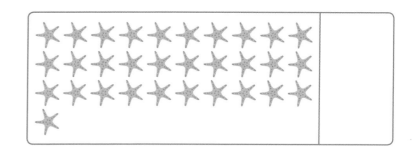

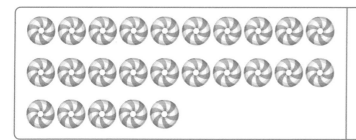

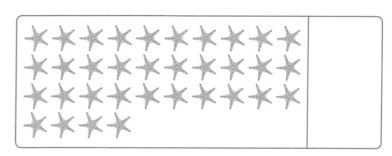

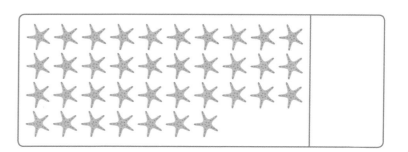

5 根据数的顺序填空。

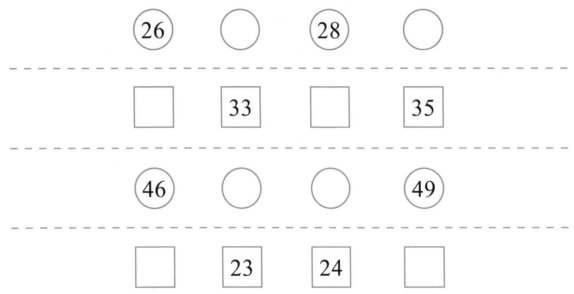

26　　◯　　28　　◯

□　　33　　□　　35

46　　◯　　◯　　49

□　　23　　24　　□

6 每片树叶上都有数，豆豆要用数大于 30 的树叶做标本，请帮他圈出来。

19　　　41　　　25

32　　　28　　　47

7 按照从小到大的顺序，从左到右重新排列下面的数，填入方框中。

28　30　23　25　29　26　24　27

30　38　45　43　39　32　44　31

8 在空格中填上适当的数。

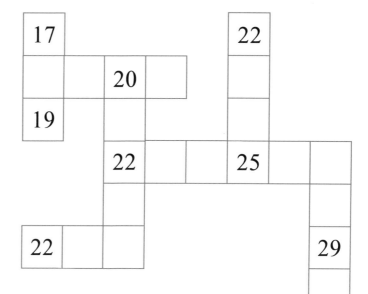

第 12 练 感知分数

1 观察图中二等分的物体，仿照例子，将其中的一份用分数表示出来。

2 观察图中的物体，将它们二等分，请用分数表示其中的一份。

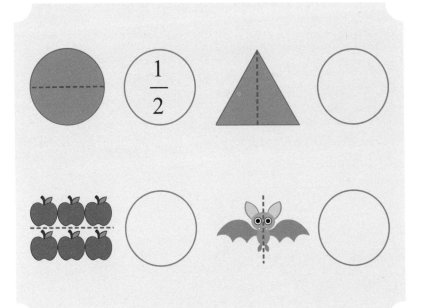

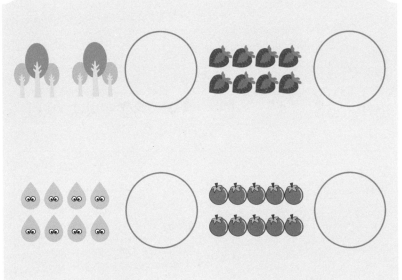

3 观察图中四等分的物体，仿照例子，将其中的三份用分数表示出来。

4 观察图中的物体，将它们四等分，请用分数表示其中的三份。

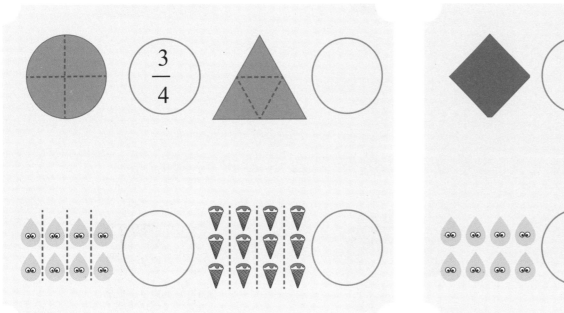

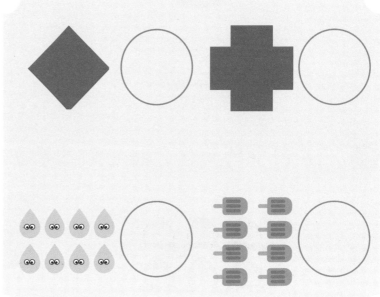

5 观察图中三等分的物体，仿照例子，将其中的两份用分数表示出来。

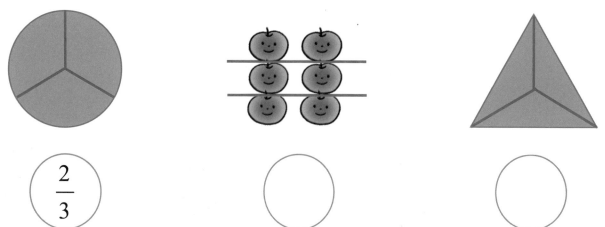

$\dfrac{2}{3}$

6 观察图中的物体，将它们三等分，请用分数表示其中的两份。

7 观察图中六等分的物体，仿照例子，将其中的三份用分数表示出来。

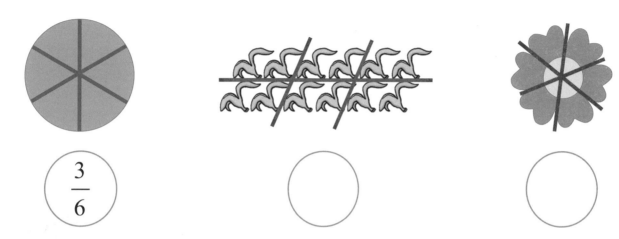

$$\frac{3}{6}$$

8 观察图中的物体，将它们六等分，请用分数表示其中的四份。

第 **13** 练　看图列算式

1 理解图画，列出加法算式。

☐ + ☐ = ☐

2 理解图画，列出加法算式。

☐ + ☐ = ☐

3 看图列式，并计算。

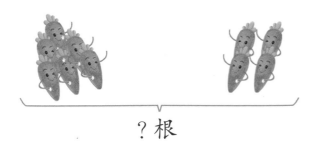

? 根

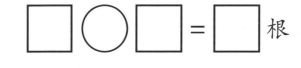

$\square$ ◯ $\square$ = $\square$ 根

4 看图列式，并计算。

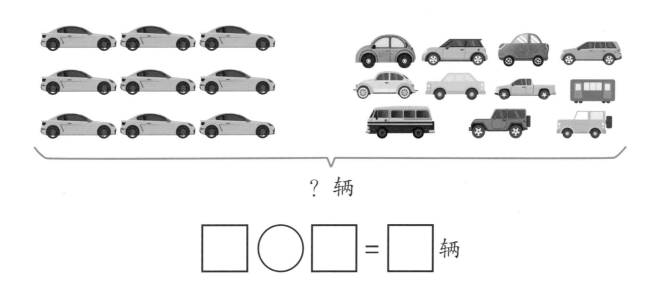

? 辆

$\square$ ◯ $\square$ = $\square$ 辆

5 理解图画，列出减法算式。

$\square - \square = \square$

6 理解图画，列出减法算式。

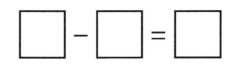

$\square - \square = \square$

7 看图列式，并计算。

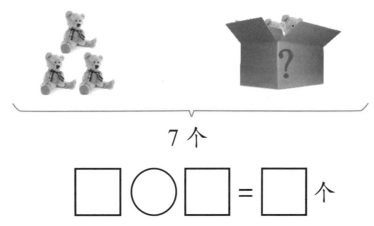

7 个

$\boxed{}\bigcirc\boxed{}=\boxed{}$ 个

8 看图列式，并计算。

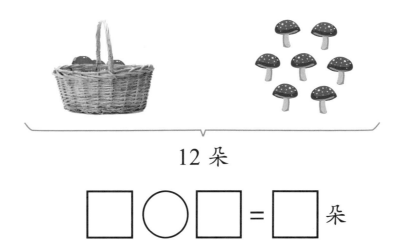

12 朵

$\boxed{}\bigcirc\boxed{}=\boxed{}$ 朵

1 想一想，填一填。

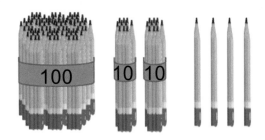

这个数由（　　　）个百、（　　　　）个十和（　　　　）个一组成。

2 想一想，填一填。

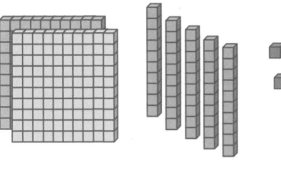

有（　　　）个百、（　　　　）个十和（　　　）个一，这个数是（　　　　）。

3 写出下面各图表示的数。

_____ _____ _____

4 写出下面各数。

（1）1 个百、2 个十和 3 个一 _____

（2）2 个百和 5 个一 _____

5 每个数中的 "3" 各表示多少？请连一连。

734   359   603

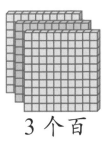 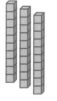

3 个百   3 个一   3 个十

6 在方框中填上合适的数。

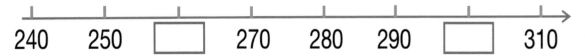

240 250 □ 270 280 290 □ 310

7 请按照从小到大的顺序排列下面的数。

275 125 172 257

8 在 ◯ 里填上 ">" 或 "<"。

167 ◯ 273   200 ◯ 199

 第 **15** 练　立体图形展开

1 看一看，下面的平面图形（不考虑颜色）能做成哪个立体图形？请连线。

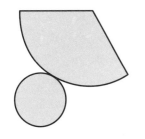 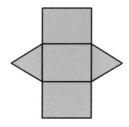 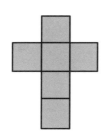

2 下面的平面图形（不考虑颜色）能做成哪个立体图形？请连线。

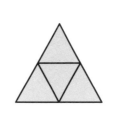 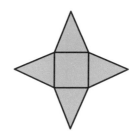 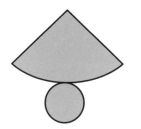

3 下面左边的立体图形展开图是右边的平面图形（不考虑颜色）吗？

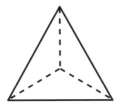 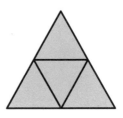

4 下面左边的立体图形展开图是右边的平面图形（不考虑颜色）吗？

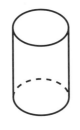 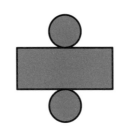

5 左边的图形能变成右边的哪个图形（不考虑颜色）？请你圈出来。

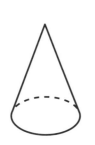 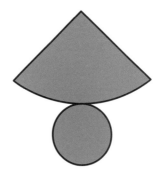 

6 左边的图形能变成右边的哪个图形（不考虑颜色）？请你圈出来。

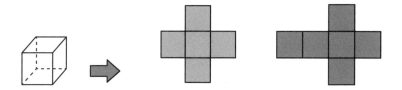

7 下面的平面图形（不考虑颜色）能做成哪个立体图形？请连线。

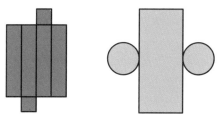

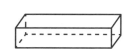

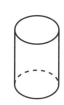

8 下面的立体图形可以展开成哪个平面图形？请你圈出来。

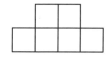

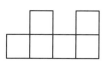

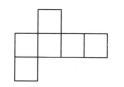

9 下面的立体图形可以展开成哪个平面图形？请你圈出来。

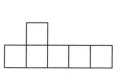

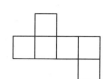

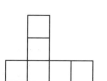

25

第 16 练　数方块

1 观察下图，数一数图中各有多少个小方块。

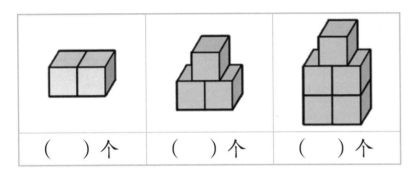

（　　）个　　（　　）个　　（　　）个

2 观察下图，数一数图中各有多少个小方块。

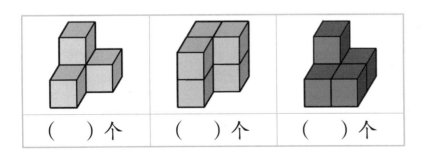

（　　）个　　（　　）个　　（　　）个

3 观察下图，数一数图中各有多少个小方块。

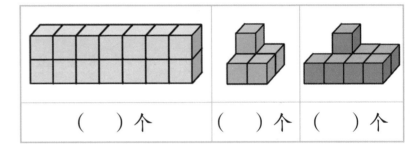

（　　）个　　（　　）个　　（　　）个

4 观察下图，数一数图中各有多少个小方块。

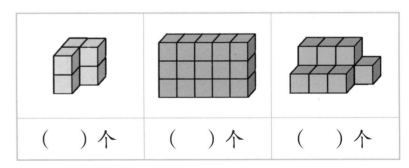

（　　）个　　（　　）个　　（　　）个

5 观察下图，数一数图中各有多少个小方块。

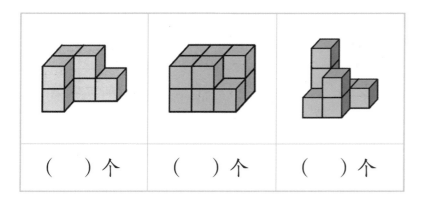

(）个 　　(）个 　　(）个

7 观察下图，数一数图中各有多少个小方块。

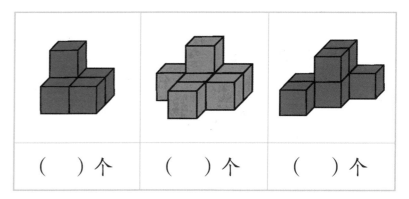

(）个 　　(）个 　　(）个

6 观察下图，数一数图中各有多少个小方块。

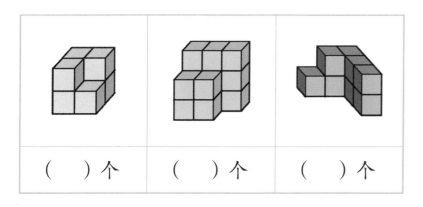

(）个 　　(）个 　　(）个

8 观察下图，数一数图中各有多少个小方块。

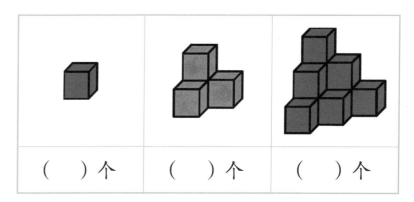

(）个 　　(）个 　　(）个

27

9 观察下图，数一数图中各有多少
个小方块。

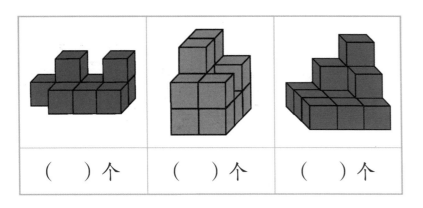

( )个   ( )个   ( )个

10 观察下图，数一数图中各有多少
个小方块。

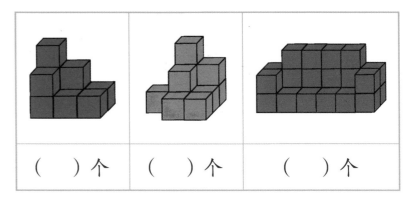

( )个   ( )个   ( )个

第 17 练　数图形

1 将下面的图形和对应的名称连线。

 三角形

 圆形

 正方形

 长方形

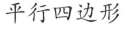 平行四边形

2 观察下图，请在（　）中填上相应的数。

图中有（　）个正方形，有（　）个长方形，有（　）个三角形，有（　）个平行四边形，有（　）个梯形，有（　）个圆形。

29

3 在（ ）中填上相应的数。

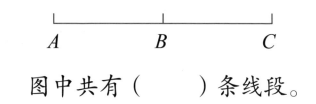

图中共有（ ）条线段。

图中共有（ ）条线段。

4 在（ ）中填上相应的数。

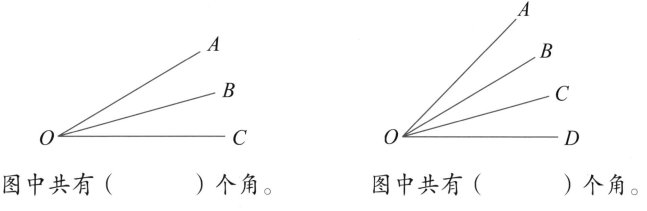

图中共有（ ）个角。　　　　图中共有（ ）个角。

5 在（　　）中填上相应的数。

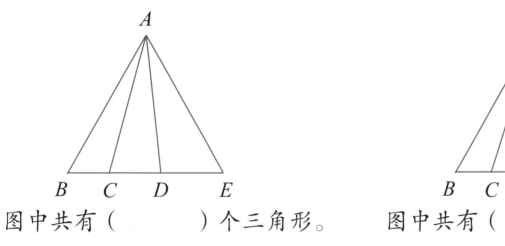

图中共有（　　　　）个三角形。

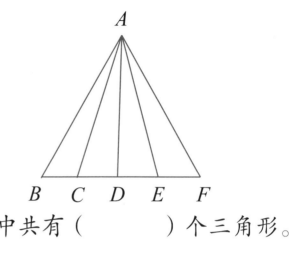

图中共有（　　　　）个三角形。

6 图中共有（　　　　）个三角形。

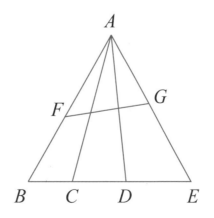

7 在（　　）中填上相应的数。

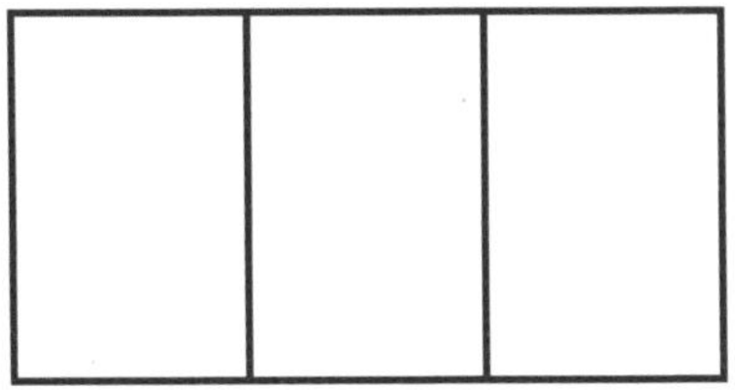

图中共有（　　）个长方形。 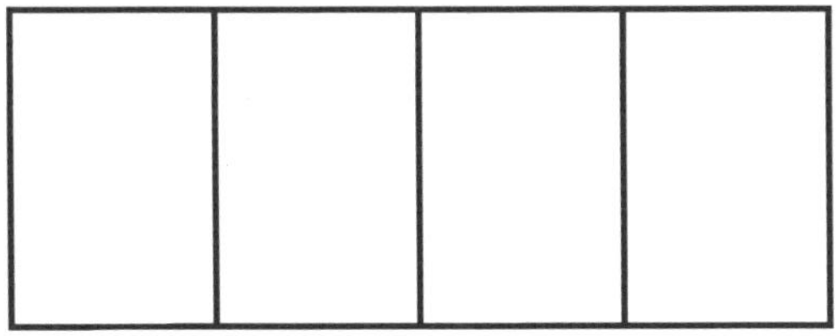　　　　图中共有（　　）个长方形。

8 图中共有（　　）个长方形。

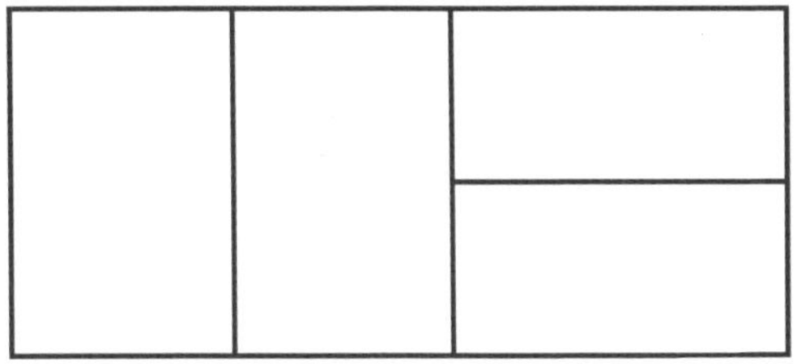

 第 **18** 练　图形分割与拼接

1 把一张正方形纸片分成形状相同、大小相等的四块，可以怎么分？（答案不唯一）

2 小动物们找到的2组碎片，拼在一起会变成什么图形呢？想一想，然后连线吧。

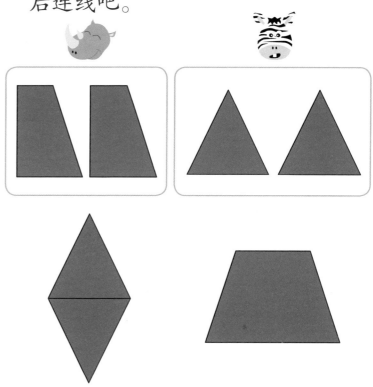

33

3 在下面的图形上各画一条线，将每个图形都分成完全相同的两部分（答案不唯一）。

4 在下面的图形上各画几条线，将每个图形都分成完全相同的三部分（答案不唯一）。

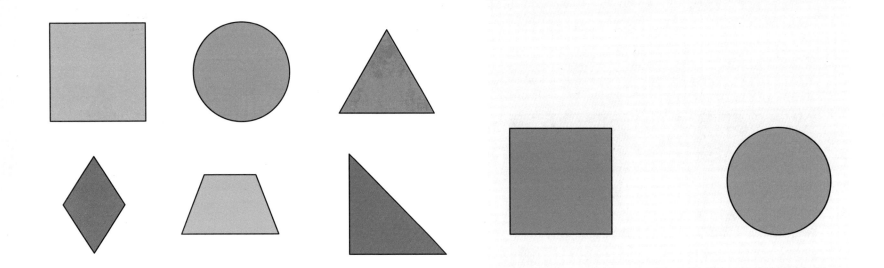

5 用下面两个相同的图形可以组合成什么图形？请你画出来吧。

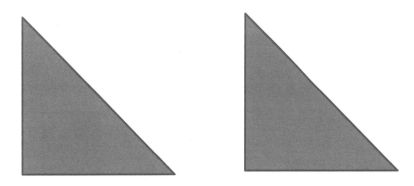

6 下面的图形是由多个上面的小图形组成的，请按小图形的大小画一画分割线，并数数从这个图形中可以拆分出几个这样的小图形。

7 观察下图，火箭图案由哪些图形组成？请动手圈出来。

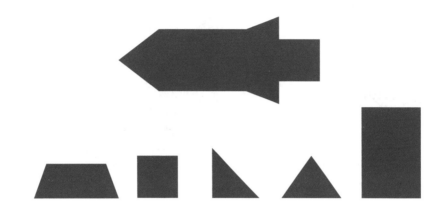

8 请圈出三个可以组成"风筝"的图形。

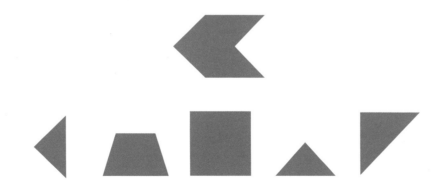

计算 1

14 + 12 =	14 + 8 =	18 − 8 =	10 − 9 =	18 + 19 =
20 + 1 =	7 + 10 =	13 + 8 =	7 + 7 =	10 − 5 =
11 + 8 =	9 + 3 =	3 − 2 =	17 − 10 =	16 − 2 =
12 + 17 =	7 + 12 =	8 − 5 =	10 − 8 =	7 + 14 =
7 − 6 =	1 + 14 =	11 − 11 =	5 − 3 =	17 − 14 =
8 + 15 =	5 + 11 =	4 + 14 =	20 − 14 =	16 + 17 =
12 − 2 =	10 + 5 =	2 − 1 =	4 − 4 =	18 + 9 =
9 + 17 =	2 − 2 =	8 − 4 =	20 + 16 =	20 − 11 =
3 − 1 =	20 + 8 =	9 − 9 =	4 + 11 =	12 − 6 =
6 − 1 =	16 − 3 =	20 − 1 =	10 + 7 =	3 − 3 =

时间：_____　　　　　得分：_____

计算 2

$20 + 16 =$ $4 - 1 =$ $8 - 8 =$ $1 + 10 =$ $18 + 18 =$

$19 - 9 =$ $11 - 11 =$ $5 - 1 =$ $18 + 6 =$ $4 + 11 =$

$20 - 7 =$ $20 + 19 =$ $17 - 9 =$ $12 - 9 =$ $15 + 1 =$

$12 - 8 =$ $11 + 7 =$ $13 + 10 =$ $10 + 18 =$ $15 + 16 =$

$13 - 10 =$ $13 + 3 =$ $7 - 6 =$ $10 + 9 =$ $14 - 13 =$

$8 + 4 =$ $6 - 1 =$ $3 - 1 =$ $7 - 2 =$ $2 - 2 =$

$16 + 6 =$ $2 - 1 =$ $14 - 5 =$ $11 + 8 =$ $1 + 19 =$

$4 + 19 =$ $6 - 3 =$ $18 + 9 =$ $7 - 7 =$ $12 - 10 =$

$11 + 12 =$ $4 + 1 =$ $19 - 13 =$ $4 + 14 =$ $10 + 6 =$

$13 - 6 =$ $3 + 17 =$ $5 - 5 =$ $10 - 4 =$ $4 - 2 =$

时间：_____   得分：_____

计算 3

11 − 11 =	7 − 1 =	6 + 1 =	9 + 17 =	3 − 1 =
12 − 12 =	13 − 10 =	19 + 13 =	13 − 2 =	12 − 3 =
7 − 6 =	12 + 10 =	8 − 8 =	6 + 11 =	2 + 6 =
14 + 2 =	19 − 13 =	19 − 17 =	20 − 1 =	9 + 9 =
2 − 1 =	16 + 11 =	10 + 9 =	18 − 17 =	12 − 6 =
17 + 15 =	20 + 3 =	16 − 13 =	17 − 8 =	10 − 6 =
10 − 5 =	14 − 9 =	3 − 2 =	16 − 5 =	18 + 3 =
9 + 7 =	18 − 8 =	8 + 5 =	15 + 7 =	3 + 15 =
13 − 5 =	19 − 11 =	10 + 2 =	10 − 4 =	7 + 5 =
11 + 18 =	10 + 1 =	20 − 6 =	9 + 12 =	4 − 1 =

时间：_____   得分：_____

计算 4

16 + 17 =	2 – 2 =	14 – 6 =	20 + 1 =	5 + 3 =
8 + 3 =	15 + 19 =	19 – 12 =	8 – 6 =	18 + 9 =
12 – 9 =	3 – 1 =	19 – 1 =	5 + 19 =	5 – 1 =
5 – 5 =	13 – 13 =	17 + 13 =	17 + 9 =	8 – 1 =
4 + 16 =	4 + 15 =	7 + 12 =	17 + 6 =	10 + 3 =
3 + 19 =	4 – 2 =	6 – 3 =	10 – 5 =	2 + 13 =
10 + 18 =	18 – 3 =	8 + 11 =	19 + 12 =	20 + 9 =
4 + 17 =	2 + 5 =	14 – 7 =	8 – 8 =	8 – 5 =
18 + 3 =	15 + 10 =	18 – 10 =	8 + 10 =	16 – 2 =
5 + 16 =	3 – 3 =	6 + 13 =	7 + 9 =	14 + 15 =

时间：_____   得分：_____

计算 5

16 − 13 =	14 + 3 =	7 − 6 =	15 + 2 =	19 − 1 =
20 + 17 =	2 − 2 =	3 + 15 =	5 + 7 =	16 + 19 =
18 − 11 =	13 + 11 =	12 + 5 =	1 + 2 =	9 − 6 =
13 − 5 =	13 − 4 =	10 − 4 =	8 + 13 =	3 + 14 =
11 + 2 =	16 + 7 =	9 + 11 =	8 + 2 =	16 + 11 =
11 + 13 =	16 + 5 =	8 − 5 =	5 − 3 =	16 − 9 =
17 − 16 =	10 + 20 =	15 − 3 =	19 − 9 =	10 − 8 =
11 − 4 =	20 − 5 =	17 − 7 =	13 − 11 =	4 − 3 =
16 − 7 =	9 + 15 =	2 + 16 =	17 + 5 =	4 + 6 =
20 − 8 =	1 + 6 =	2 − 1 =	11 + 4 =	16 + 17 =

时间：_____　　　得分：_____

参考答案

第 3 章　数的应用

第 10 练　20 以内进位、退位

1. 15　13

2. 11　12

3. 7　8

4. 2　9

5.
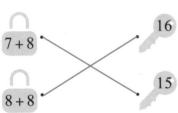
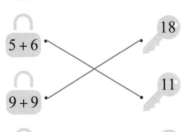

6.
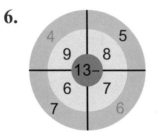

7.

$8 + 4 = (12)$

$5 + 6 = (11)$　$3 + 9 = (12)$

$7 + 6 = (13)$　$9 + 8 = (17)$

8.
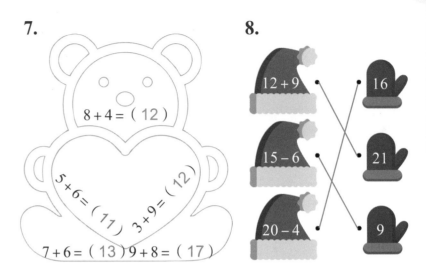

$12 + 9$　16

$15 - 6$　21

$20 - 4$　9

9. $16 - 8$　$12 - 4$

10.  8　9　8　15

第 11 练　50 以内数量对应

1. 略

2.
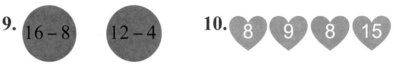

23	24	25	26
35	36	37	38
29	30	31	32
46	47	48	49

42

3. 22   25   28   **4.** 31   34   37

5. ㉗   ㉙   ㉜   ㉞   ㊼   ㊽   ㉒   ㉕

6. 41   32   47

7. 23   24   25   26   27   28   29   30
   30   31   32   38   39   43   44   45

8.

17					22		
18	19	20	21		23		
19		21			24		
		22	23	24	25	26	27
		23				28	
22	23	24				29	
						30	

第 12 练   感知分数

1. $\frac{1}{2}$ $\frac{1}{2}$ $\frac{1}{2}$
2. $\frac{1}{2}$ $\frac{1}{2}$ $\frac{1}{2}$ $\frac{1}{2}$（图略）

3. $\frac{3}{4}$ $\frac{3}{4}$ $\frac{3}{4}$
4. $\frac{3}{4}$ $\frac{3}{4}$ $\frac{3}{4}$ $\frac{3}{4}$（图略）

5. $\frac{2}{3}$ $\frac{2}{3}$
6. $\frac{2}{3}$ $\frac{2}{3}$ $\frac{2}{3}$（图略）

7. $\frac{3}{6}$ $\frac{3}{6}$
8. $\frac{4}{6}$ $\frac{4}{6}$ $\frac{4}{6}$（图略）

第 13 练   看图列算式

1. $3 + 4 = 7$

2. $4 + 9 = 13$

3. $6 + 4 = 10$ 根

4. $9 + 11 = 20$ 辆

5. $10 - 4 = 6$

6. $12 - 3 = 9$

7. $3 + 4 = 7$ 个

8. $5 + 7 = 12$ 朵

第 14 练   三位数的组成

1. 1   2   4   **2.** 2   5   3   253

3. 253   102   230   **4.** 123   205

5.

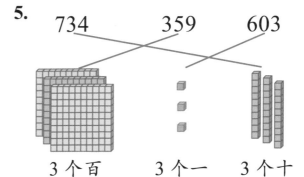

734   359   603

3 个百   3 个一   3 个十

6. 260   300   **7.** 125   172   257   275

8. <   >

第4章 图形与几何

第15练 立体图形展开

1.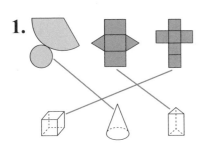

2.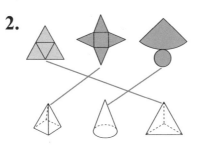

3. 是

4. 是

5.

6.

7.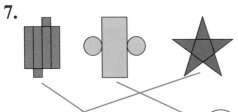

8.

9.

第16练 数方块

1. 2 3 5

2. 4 6 5

3. 14 5 8

4. 6 15 10

5. 7 11 8

6. 7 13 9

7. 5 7 7

8. 1 4 10

9. 9 13 13

10. 10 11 24

第17练 数图形

1.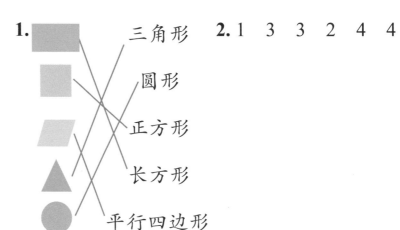

三角形
圆形
正方形
长方形
平行四边形

2. 1 3 3 2 4 4

3. 3 6

4. 3 6

5. 6 10

6. 12

7. 6 10

8. 8

第18练　图形分割与拼接

1.

2.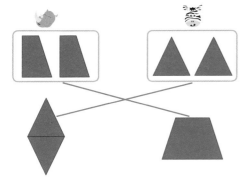

3.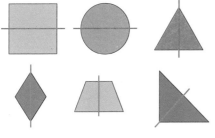

4.

5. 略　　　　　　　6. 分割线略　　6个

7.

8.

第5章　计算小能手

练　习

计算1

26	22	10	1	37		21	17	21	14	5
19	12	1	7	14		29	19	3	2	21
1	15	0	2	3		23	16	18	6	33
10	15	1	0	27		26	0	4	36	9
2	28	0	15	6		5	13	19	17	0

计算 2

36	3	0	11	36
13	39	8	3	16
3	16	1	19	1
22	1	9	19	20
23	5	6	18	16

10	0	4	24	15
4	18	23	28	31
12	5	2	5	0
23	3	27	0	2
7	20	0	6	2

计算 5

3	17	1	17	18
7	24	17	3	3
13	23	20	10	27
1	30	12	10	2
9	24	18	22	10

37	0	18	12	35
8	9	6	21	17
24	21	3	2	7
7	15	10	2	1
12	7	1	15	33

计算 3

0	6	7	26	2
1	22	0	17	8
1	27	19	1	6
5	5	1	11	21
8	8	12	6	12

0	3	32	11	9
16	6	2	19	18
32	23	3	9	4
16	10	13	22	18
29	11	14	21	3

计算 4

33	0	8	21	8
3	2	18	24	4
20	19	19	23	13
28	15	19	31	29
21	25	8	18	14

11	34	7	2	27
0	0	30	26	7
22	2	3	5	15
21	7	7	0	3
21	0	19	16	29

数学
全脑开发

优才教育　编著

化学工业出版社

·北京·

内容简介

本书主要包含逻辑推理、生活中的数学、数的应用、图形与几何等内容，主题丰富、配图活泼、形式多样，易于学习操作。

图书在版编目（CIP）数据

数学全脑开发. 飞跃篇 / 优才教育编著. —北京：
化学工业出版社，2022.6
（小豆包开心起航系列）
ISBN 978-7-122-41188-4

Ⅰ. ①数…　Ⅱ. ①优…　Ⅲ. ①数学－儿童读物　Ⅳ.
①O1-49

中国版本图书馆 CIP 数据核字（2022）第 059573 号

责任编辑：王丽丽　吕佳丽　梁静丽　　　　装帧设计：数字城堡
责任校对：赵懿桐　　　　　　　　　　　　封面插画：双木玲

出版发行：化学工业出版社（北京市东城区青年湖南街 13 号　邮政编码 100011）
印　　装：北京宝隆世纪印刷有限公司
787mm×1092mm　1/16　印张 6½　字数 74 千字　2023 年 1 月北京第 1 版第 1 次印刷

购书咨询：010-64518888　　　　　　　售后服务：010-64518899
网　　址：http://www.cip.com.cn
凡购买本书，如有缺损质量问题，本社销售中心负责调换。

定　　价：59.80 元（全 2 册）

编委会名单

主　任　胡　迪
副主任　饶海波　张少芬
委　员　孙树涛　吕　飞　赵国智　曾治国

编写人员名单

主　编　李丽华
参　编　于晓筱　任炳桦　张泽锟　赵　鹏　李丽华
　　　　张娜雯　刘雪蕊　范爱琴　李晓楠　赵　月
　　　　杨　轩　赵　睿　郭文静　胡　球　孔广江
　　　　孙　俊　王　庆　何　潇　王　珂

推荐序

我很高兴读到这套"小豆包开心起航系列"丛书，这套书能让 3 ～ 6 岁孩子快乐地学，更能让父母智慧地教。

"小豆包开心起航系列"是一套很贴心的丛书。首先，这套书是现代和传统的结合体。丛书中有与小学课程紧密衔接的拼音和数学启蒙图书，也有精彩的蒙学读本。3 ～ 6 岁孩子记忆力好，背诵能力比成人强，在此阶段阅读传统文化经典，对提高孩子的人文素养很有帮助。

其次，这套丛书不仅图文并茂，而且服务意识很强。比如在国学读本中，除原文外均有详细的译文及拓展故事，还配有丰富的数字资源。这为家长育儿提供了很大的便利，用孩子听得懂的语言和喜欢的形式亲子共读，才能事半功倍。

最后，这套丛书的设计非常符合 3 ～ 6 岁孩子的认知发展需求，如对数字、拼音、英文均设计了描红，利于孩子精细动作的发展。在拼音启蒙中，考虑到孩子喜欢诵读朗朗上口、有韵律的儿歌，书中配有大量简短的儿歌。这种多通道的学习，才能寓教于乐。

家长在应用这套丛书的过程中，可以发挥创造性，在平等友好的互动性亲子学习中，增强亲子关系。家长在教育孩子的过程中也能使自己得到提高，教学相长，共同拥抱未来。

中国科学院心理研究所研究员　原博士生导师

张梅玲

2022 年 5 月

目　录

第①章　逻辑推理

第②章　生活中的数学

第1练　等量代换

1 看图填空。

1 辆 🚲 有（　　）个 ⚙

3 个 ⚙ 对应（　　）辆 🚲

2 辆 🚲 有（　　）个 ⚙

6 个 ⚙ 对应（　　）辆 🚲

3 辆 🚲 有（　　）个 ⚙

9 个 ⚙ 对应（　　）辆 🚲

2 看图填空。

1 辆 🚗 有 4 个 ⚙

2 辆 🚗 有（　　）个 ⚙

4 个 ⚙ 对应（　　）辆 🚗

3 辆 🚗 有（　　）个 ⚙

8 个 ⚙ 对应（　　）辆 🚗

4 辆 🚗 有（　　）个 ⚙

12 个 ⚙ 对应（　　）辆 🚗

3 看图填空。

1 棵 🥬 =(   ) 根 🥕   2 根 🥕 =(   ) 根 🥕

1 棵 🥬 =(   ) 根 🥕   1 根 🥕 =(   ) 根 🥕

4 看图填空。

1 个 🍎 =(   ) 根 🍌   2 根 🍌 =(   ) 个 🍓

3 个 🍎 =(   ) 根 🍌   6 根 🍌 =(   ) 个 🍓

5 看图填空。

=

=

= (　　　) 个

 = (　　　) 个

 = (　　　) 个

 = (　　　) 个

 = (　　　) 根

6 看图填空。

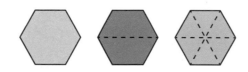

1 个 ⬡ =(　　) 个 ▱ =(　　) 个 ▽

2 个 ⬡ =(　　) 个 ▱ =(　　) 个 ▽

7 看图填空。

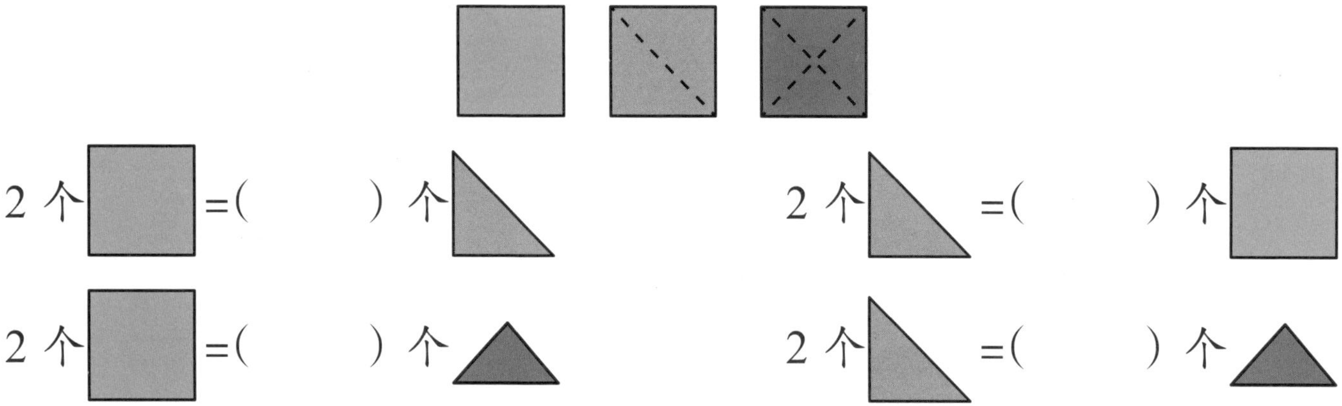

2 个 ◻ =(　　) 个 ◣　　　2 个 ◣ =(　　) 个 ◻

2 个 ◻ =(　　) 个 △　　　2 个 ◣ =(　　) 个 △

4

8 看图填空。

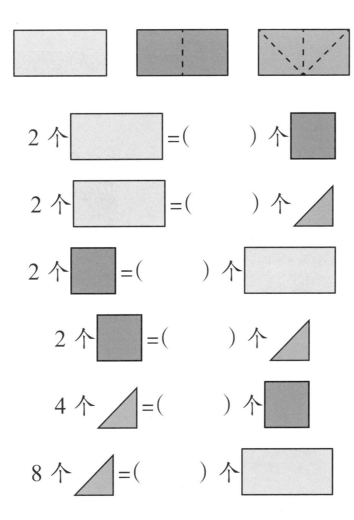

2 个 ▭ =(　　) 个 ▪

2 个 ▭ =(　　) 个 ◣

2 个 ▪ =(　　) 个 ▭

2 个 ▪ =(　　) 个 ◸

4 个 ◺ =(　　) 个 ▪

8 个 ◺ =(　　) 个 ▭

1. 三只兔子进行跳远比赛，请你根据灰兔子说的话，判断谁跳得最远，并在跳得最远的□中画√。

我跳得不是最远的，但是我比白兔跳得远！

 □

 □

 □

2 有甲、乙、丙三人，他们当中一位是经理，一位是司机，一位是学生。已知甲、丙都不是司机，甲不是经理，那么丙是做什么的？

甲			
乙			
丙			

3 甲、乙、丙三人是好朋友，一位是教师，一位是医生，一位是司机。请你根据下面三句话，猜猜谁是教师。

①甲不是教师。

②乙不是医生。

③甲和乙都不是司机。

甲			
乙			
丙			

4 优优、才才和云博士一起戴帽子出游，一个人戴红色帽子，一个人戴黄色帽子，一个人戴蓝色帽子。优优的帽子不是黄色；才才的帽子不是红色，也不是黄色。这三位分别戴什么颜色的帽子呢？请在相应的方框中画√。

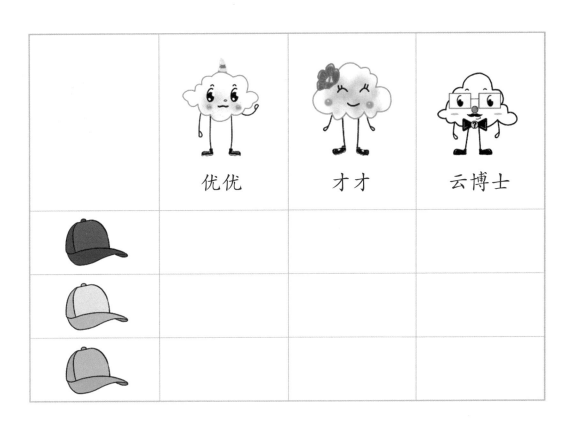

5 米奇、小红和小刚在等车的时候看到有三辆不同颜色的车开过来了。根据他们的描述，请你来给这三辆车排排序，最快的写1，中间的写2，最慢的写3。

6 哎呀！是谁把超市里掉在地上的牛奶捡起来放回原处了呢？小刚、小红、米奇三人中，只有一个人说了真话，是谁做了好事呢？请圈出 A、B 或 C。

小刚：不是我做的。

小红：是米奇做的。

米奇：也不是我做的。

A.

B.

C.

7 圈一圈，谁选的西瓜最重？

连一连，看他们选的是哪顶帽子。

第 3 练　数独

1 将 1、2、3、4 填入空格内，使每个数字在每行、每列中都只出现一次。

2 将 1、2、3、4 填入空格内，使每个数字在每行、每列中都只出现一次。

	4		3
2	3		4
4		3	1
3		4	

1			2
3	2		1
4		2	3
2			4

4		3	2
2	3	1	
	2		3
3		2	

3 将 1、2、3、4 填入空格内，使每个数字在每行、每列中都只出现一次。

3	2		1
1		2	3
	3	1	4
4	1	3	

2		3	4
3	4	2	
	2	1	3
1			2

4 将 1、2、3、4 填入空格内，使每个数字在每行、每列中都只出现一次。

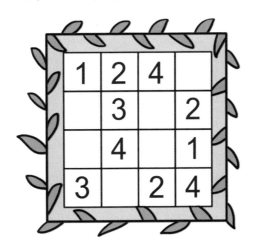

1	2	4	
	3		2
	4		1
3		2	4

5 将 1、2、3、4 填入空格内，使每个数字在每行、每列中都只出现一次。

2		4	1
4		2	
	4		2
1	2		4

3		1	
1	4	2	
	3	4	1
	1		2

6 将 1、2、3、4、5、6 填入空格内，使每个数字在每行、每列中都只出现一次。

2		6			5
3	4		1	6	
4		1	6	5	
	5	3		1	4
1		2	5		6
5	6	4	3		1

7 将 1、2、3、4、5、6 填入空格内，使每个数字在每行、每列中都只出现一次。

8 将 1、2、3、4、5、6 填入空格内，使每个数字在每行、每列中都只出现一次。

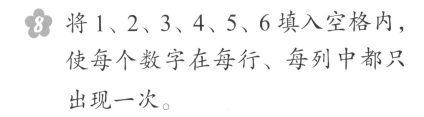

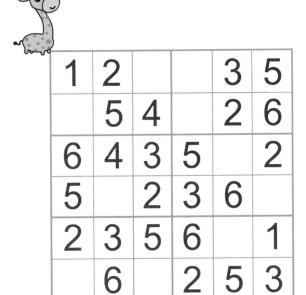

1	2			3	5
	5	4		2	6
6	4	3	5		2
5		2	3	6	
2	3	5	6		1
	6		2	5	3

	3		6		
1		6		2	
6	2		1		5
		4	2	3	6
4	6			5	1
3		1	4		2

第 4 练　找规律

1 请先找规律，再填数。

2 请认真观察，发现规律，再填数。

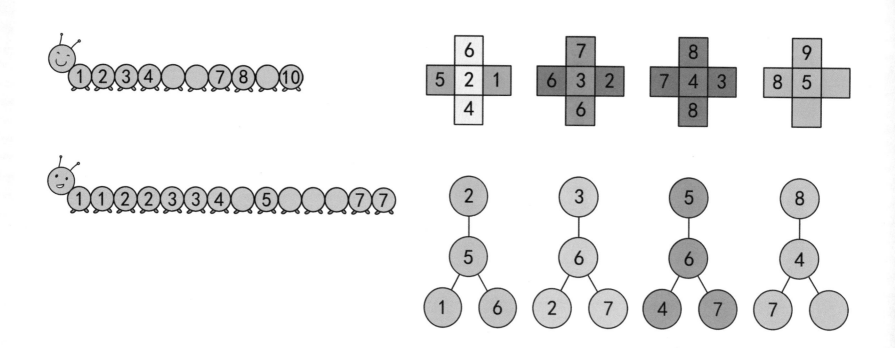

3 请认真观察，下一个应该怎么画？

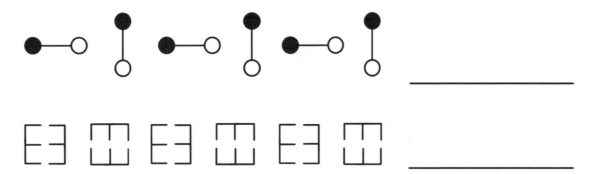

_____

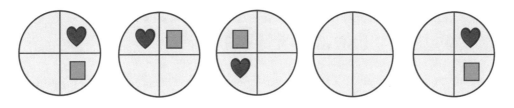

_____

4 找规律，画一画。

5 小红、小刚、小白三个小朋友在摆图形，请认真观察，小红接下来应该摆_____，小刚接下来应该摆_____，小白接下来应该摆_____。

6 仔细观察下面数的规律，请你补全空白。

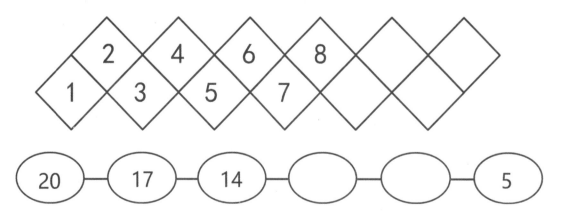

7 找规律，填一填。

1	4	7
2	5	8
3		

8 找规律，填一填。

 30   27   24   18

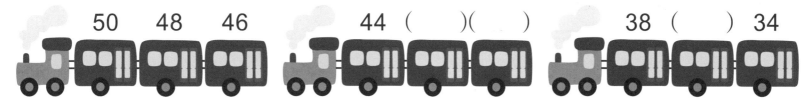
50 48 46   44 （   ）（   ）   38 （   ） 34

9 观察规律，"?"处应该选择哪个图形？请在长方框的图中圈出来。

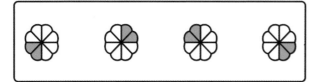

10 和优优一起想一想，"?"处应画什么？请把长方框中正确的答案圈出来。

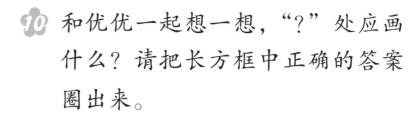

 第 **5** 练　货币运算

1 试一试，填一填。

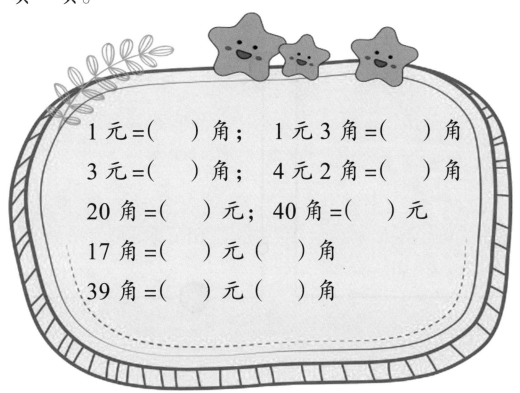

1 元 =（　　）角；　1 元 3 角 =（　　）角

3 元 =（　　）角；　4 元 2 角 =（　　）角

20 角 =（　　）元；　40 角 =（　　）元

17 角 =（　　）元（　　）角

39 角 =（　　）元（　　）角

2 你会换算元、角、分吗？试一试，填一填。

16 角 =（　　）元（　　）角

37 角 =（　　）元（　　）角

2 元 2 角 =（　　）角

1 角 8 分 =（　　）分

19 分 =（　　）角（　　）分

100 分 =（　　）元

23 角 =（　　）元（　　）角

48 角 =（　　）元（　　）角

3 元 4 角 =（　　）角

2 角 2 分 =（　　）分

43 分 =（　　）角（　　）分

300 分 =（　　）元

3 判断大小，并填上"＞""＜"或"＝"。

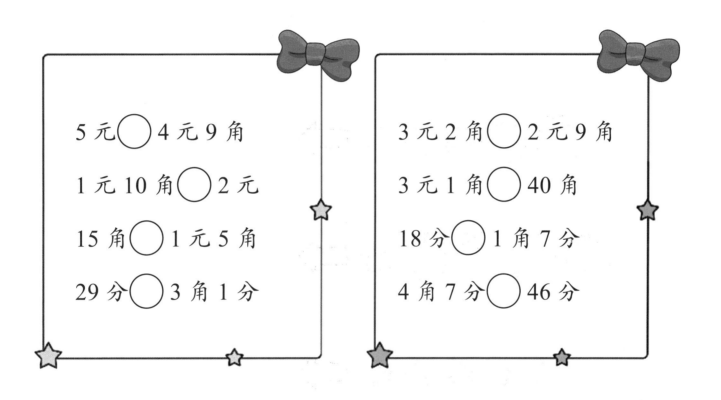

5 元〇4 元 9 角

1 元 10 角〇2 元

15 角〇1 元 5 角

29 分〇3 角 1 分

3 元 2 角〇2 元 9 角

3 元 1 角〇40 角

18 分〇1 角 7 分

4 角 7 分〇46 分

4 请你计算一下每组水果各需要多少元钱。

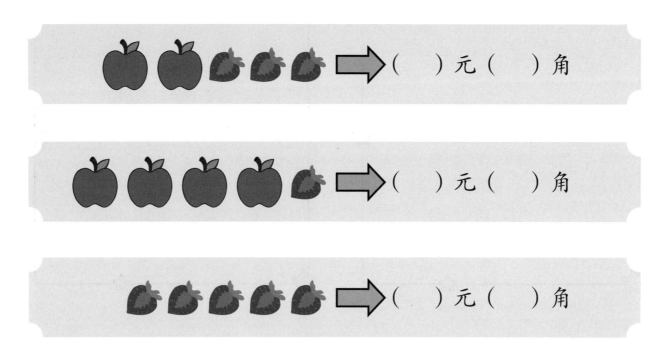

（　）元（　）角

（　）元（　）角

（　）元（　）角

5 货币大计算。

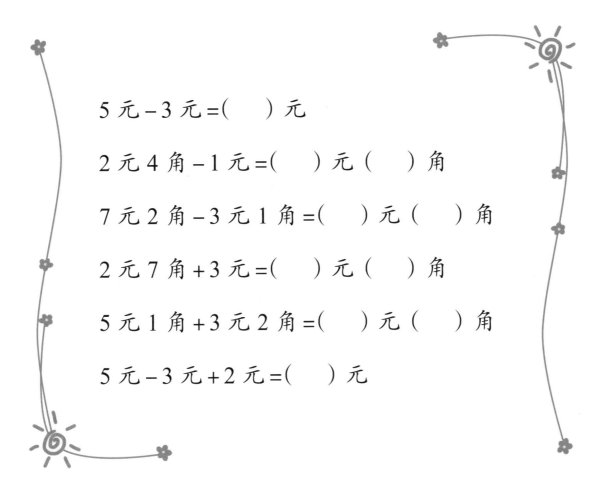

5 元 – 3 元 =（   ）元

2 元 4 角 – 1 元 =（   ）元（   ）角

7 元 2 角 – 3 元 1 角 =（   ）元（   ）角

2 元 7 角 + 3 元 =（   ）元（   ）角

5 元 1 角 + 3 元 2 角 =（   ）元（   ）角

5 元 – 3 元 + 2 元 =（   ）元

6 挑选你的午餐吧！看看要花多少钱。

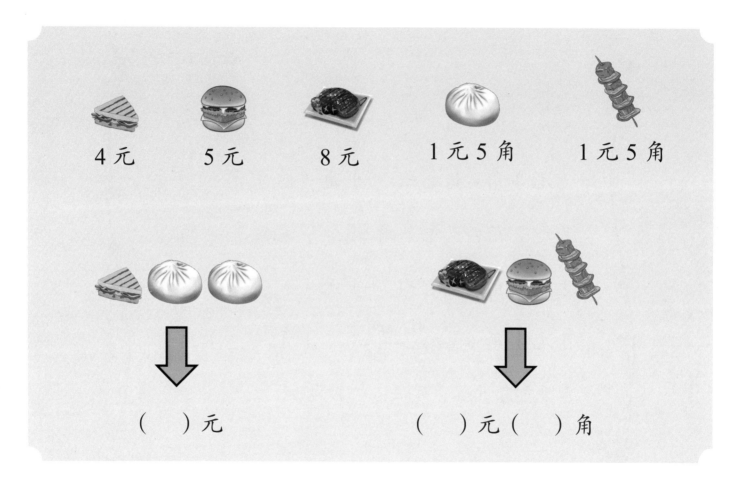

4元　　5元　　8元　　1元5角　　1元5角

（　　）元　　　　　　　（　　）元（　　）角

7 甜点时间到，算一算还剩多少钱。

3 元　　1 元 2 角　　2 元 5 角　　1 元 5 角

5 元 － ＝（　　）元（　　）角

10 元 － ＝（　　）元（　　）角

8 优优只带了 100 元钱，请圈出能买的衣服有哪几套。

65 元　　75 元　　25 元　　35 元

第 6 练　排队问题

1 看图圈出正确答案。

一共有 10 只动物排队，我的右边有 5 只，左边应该有几只呢？

 3　 4　 5

2 看图回答问题。

我前面有 3 只小动物。

我身后有 4 只小动物。

一共有几只动物在排队？

3 看图回答问题。

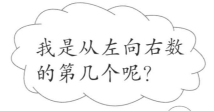

我是从左向右数的第几个呢?

左←     →右

4 算一算,一共有多少只动物呢?

我的右边有3只动物。

我的左边有4只动物。

……     ……

 看图回答问题。

一共有 10 只动物在排队。

从前向后数，我是第 3 个。

从后向前数，我是第几个呢？

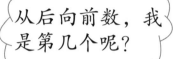

 算一算，一共有多少只动物呢？

从左向右数，我是第 4 个。

从右向左数，我是第 5 个。

左← ……    …… →右

7 两只小猫之间有几只动物呢？

8 算一算，一共有多少只动物呢？

第 7 练　认识日历

1 将 12 个月份与大月、小月连起来。

2 数一数这个月有几个星期三，请圈出第 3 个星期六。

星期日	星期一	星期二	星期三	星期四	星期五	星期六
			1	2	3	4
5	6	7	8	9	10	11
12	13	14	15	16	17	18
19	20	21	22	23	24	25
26	27	28	29	30	31	

3 数一数这个月有几个星期一，请圈出第 4 个星期五。

星期日	星期一	星期二	星期三	星期四	星期五	星期六
1	2	3	4	5	6	7
8	9	10	11	12	13	14
15	16	17	18	19	20	21
22	23	24	25	26	27	28
29	30					

4 今天是 1 月 8 日，请在图中用〇标出明天的日期，用△标出昨天的日期。

1月

星期日	星期一	星期二	星期三	星期四	星期五	星期六
		1	2	3	4	5
6	7	8	9	10	11	12
13	14	15	16	17	18	19
20	21	22	23	24	25	26
27	28	29	30	31		

5 下图中7号是星期几？代表的是几日？

6 今天是1月8日，星期二，请你写出昨天是几日，明天是星期几。

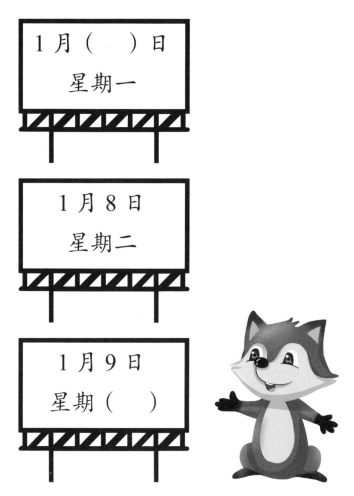

1月（ ）日
星期一

1月8日
星期二

1月9日
星期（ ）

7 三只小动物在讨论最近的行程，请帮小猫和小熊猫连一连日期。

今天是 6 月 7 日，我和妈妈逛了超市。

我昨天和爸爸去钓鱼了。

我明天和爷爷去爬山。

6 月 6 日

6 月 8 日

8 日历被小汪不小心撕坏了，请找一找这个月的 20 日是星期几。

星期日	星期一	星期二	星期三	星期四	星期五	星期六
			1	2	3	4
5	6	7	8	9	10	11
12	13	14	15	16	17	18

9 日历有一部分破损了，今天是 11 日，请找一找下个星期的星期五是几日。

星期日	星期一	星期二	星期三	星期四	星期五	星期六
	1	2	3	4	5	6
7	8	9	10	11	12	13

10 开动脑筋，帮小猫解决问题。

上个月有 31 天。

这个月也有 31 天。

下个月有几天？

第 8 练　认识钟表

1 请问几点了？请把对应的时间圈出来。

　　9:30

　　6:50

　　10:30

　　2:45

　　1:45

　　9:10

　　2:21

　　2:20

　　4:10

　　2:50

　　2:52

　　2:56

2 根据钟表，请在方框中写出对应的时间。

3 请你帮云博士计算用的时间。

 2:20—2:50 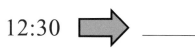 用了_____分钟

 10:05—10:55 ➡ 用了_____分钟

 4:35—5:00 ➡ 用了_____分钟

4 请你帮忙改成正确的时间。

 2:30 ➡ _____

 12:30 ➡ _____

5 估算一下做下面每件事所需的时间，并连线。

上班

吃饭

喝水

30 分钟   1 分钟   8 小时

6 请你观察时钟，写出对应的时间，并帮忙算一算经过了多久。

_____   过了（   ）分钟   _____

7 请认真观察，对的画√，不对的画 ×。

9:30
(   )

10:45
(   )

11:35
(   )

4:40
(   )

8 给钟表画上时针和分针吧。

1:25

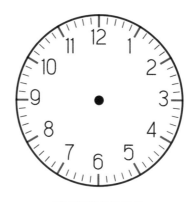

6:55

第 9 练　统计与测量

1 下面的测量方法对吗？对的画 √，不对的画 ×。

2 请帮忙测量不同物品的长度，并把数据记录在方框中（单位为厘米）。

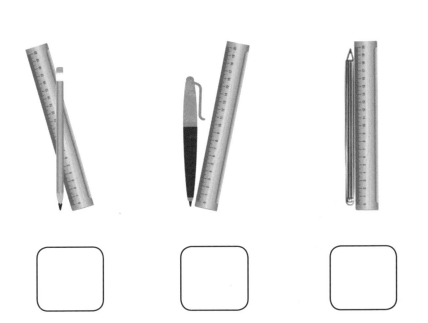

3 请写出不同线段的长度。

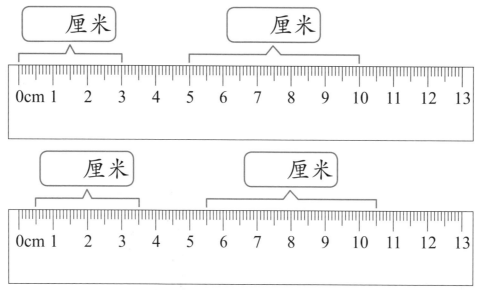

4 看图写出圆盘上小动物的重量（秤的单位为千克）。

5 认识台秤（单位为千克），填写对应的重量，并计算并填写一个西瓜的重量。

千克　　　千克　　　千克

6 请估算下面动物的体重，并连线。

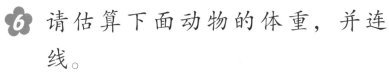

1 千克

10 千克

100 千克

500 千克

7 仔细观察，写出对应的刻度。

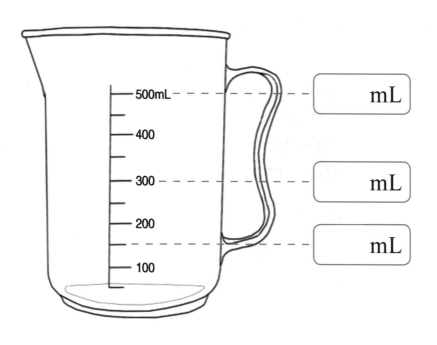

500mL	....	mL
300	....	mL
200	....	mL

8 仔细观察，判断液体的体积变化（量筒的计量单位为毫升）。

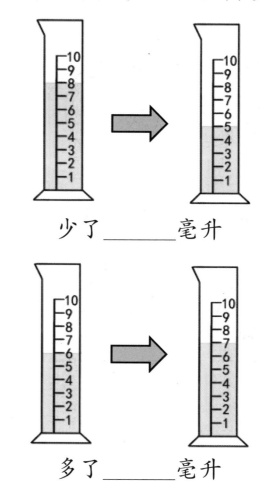

少了_____毫升

多了_____毫升

参考答案

第1章　逻辑推理

第1练　等量代换

1. 3 1 6 2 9 3
2. 8 1 12 2 16 3
3. 2 4 4 2
4. 2 3 6 9
5. 2 6 1 3 9
6. 2 6 4 12
7. 4 1 8 4
8. 4 8 1 4 2 2

第2练　逻辑推理

1.  ☑️
2. 丙是经理

3. 乙是教师

4.

	优优	才才	云博士
🧢	√		
🧢			√
🧢		√	

5.  ②　③　①

6. (A)

7. 👧

8.

第3练　数独

1.

1	4	2	3
2	3	1	4
4	2	3	1
3	1	4	2

1	4	3	2
3	2	4	1
4	1	2	3
2	3	1	4

2.

4	1	3	2
2	3	1	4
1	2	4	3
3	4	2	1

3.

3	2	4	1
1	4	2	3
2	3	1	4
4	1	3	2

2	1	3	4
3	4	2	1
4	2	1	3
1	3	4	2

4.

1	2	4	3
4	3	1	2
2	4	3	1
3	1	2	4

5.

2	3	4	1
4	1	2	3
3	4	1	2
1	2	3	4

3	2	1	4
1	4	2	3
2	3	4	1
4	1	3	2

6.

2	1	6	4	3	5
3	4	5	1	6	2
4	2	1	6	5	3
6	5	3	2	1	4
1	3	2	5	4	6
5	6	4	3	2	1

7.

1	2	6	4	3	5
3	5	4	1	2	6
6	4	3	5	1	2
5	1	2	3	6	4
2	3	5	6	4	1
4	6	1	2	5	3

8.

2	3	5	6	1	4
1	4	6	5	2	3
6	2	3	1	4	5
5	1	4	2	3	6
4	6	2	3	5	1
3	5	1	4	6	2

第 4 练 找规律

1.

2.
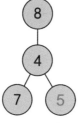

3.

4.

5.

6.
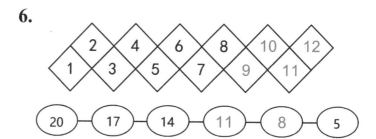

7.

8.
  44 （42）（40）  38（36）34

9.

10.

第 2 章　生活中的数学

第 5 练　货币运算

1. 10　13　30　42　2　4　1 7　3 9

2. 1 6 3 7 22 18 1 9 1
2 3 4 8 34 22 4 3 3

3. ＞ ＝ ＝ ＜　＞ ＜ ＞ ＞

4. 5 5　8 5　2 5

5. 2 1 4 4 1 5 7 8 3 4

6. 7 14 5　　　　**7.** 3 8 6 0

8.

第 6 练　排队问题

1.

2. 8 只

3. 第 5 个　　　**4.** 11 只

5. 第 8 个　　　**6.** 10 只

7. 3 只　　　　　　　　**8.** 8 只

第 7 练　认识日历

1.

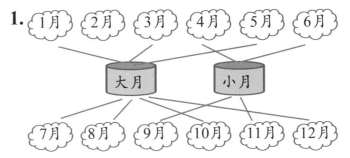

2. 5 个星期三　　**3.** 5 个星期一

4.

5. 星期五；4 日

49

6.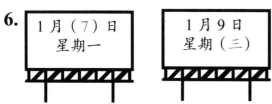

7.

8. 星期一　　　　　　　**9.** 19 日

10. 30 天（9 月）或 28 天（2 月）或 29 天（2 月）

第 8 练　认识钟表

1. (9:30)　(1:45)　(4:10)　(2:52)

2. 7:10　4:55　　　　**3.** 30　50　25

4. 6:10　6:00

5.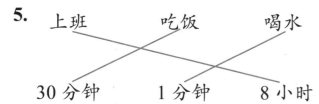

6. 4:10　30　4:40　　　　**7.** √　×　√　×

8.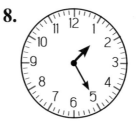

第 9 练　统计与测量

1. ×　×　√

2. 9　6　4

3. 3　5　3　5　　　　**4.** 2　7

5. 40　30　5

6.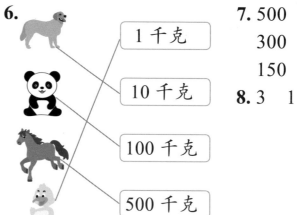

1 千克

10 千克

100 千克

500 千克

7. 500
　　300
　　150

8. 3　1